主　编

谭钦文　陶红群　袁一斌　向　朋

绘　画

李梦娇　冯　谈

编写人员

欧阳莉莉　张　倩　赖承钺　钟　科　孟　旭　何　鑫

成都市
河流鱼类
图鉴

成都市环境保护科学研究院◎编著

四川大学出版社
SICHUAN UNIVERSITY PRESS

前言

　　成都作为长江上游首个超大城市，境内河流每年向长江干流输送超200亿立方米的优质水资源。龙门山与龙泉山构成长江上游重要的水源涵养地，同时为大熊猫、川金丝猴、稀有鮈鲫等40余种濒危物种提供了关键栖息地。成都市境内水系分为岷江和沱江两大流域，灌渠纵横交错，水网密布，拥有528条河渠，总长度超过1.5万公里。丰富多样的河流生境，为各类水生生物创造了多样化的栖息环境。

　　鱼类是一类重要的水生生物，也是水生态系统的重要组成部分，对维持水生态平衡有着不可替代的作用。作为食物链中的消费者，鱼类的组成、丰度、耐受性、营养结构、繁殖习性、健康状况等都能反映水生态环境状况。在全球经济快速发展、自然环境持续遭到破坏的大背景下，成都市鱼类多样性的保护也面临着严峻考验。因此，加强水生态环境保护对维护成都市鱼类多样性具有重要的现实意义。

　　2016年，成都市出台"水十条"，截污、清淤、补水同向发力，新时期的水环境治理正式启动。2017年，成都市人民政府发布《成都市岷沱江流域水环境生态补偿办法（试行）》，完善了成都市岷江、沱江流域水环境生态补偿制度。2022年，成都市人民政府发布《成都市"十四五"

生态环境保护规划》，提出"坚持'三水'统筹，提升水生态环境质量"。多项政策和措施的落实，促使成都市水生态环境逐渐向好，市控及以上断面优良水体比例、集中式饮用水水源地水质达标率、国家重要江河湖泊水功能区水质达标率均达到100%，作为超大城市河道的锦江，水质则实现了从劣Ⅴ类到Ⅱ类的重大突破。然而，良好的水质只是鱼类生存的基础条件，鱼类种群的稳定繁衍还要依赖完整的水生态系统，包括适宜的水文条件、底质环境，以及丰富的浮游动植物、底栖动物等饵料生物和水生植物群落。为此，成都市持续推进天府蓝网建设、美丽河湖保护等系统工程，通过水生态系统整体修复，逐步改善水生生物的生活环境，为鱼类资源保护创造更加有利的生态条件。

　　《成都市河流鱼类图鉴》以长江生态保护和修复成都驻点研究工作中实地采集的活体照片为基础，参考历史文献记载，为各种鱼类绘制图片，记录鱼体固有的形态和体色特征。图鉴以简洁的文字描述鱼类的形态特征、体色特征、生态习性、保护地位以及成都市内主要分布区域等，以图谱的形式向公众普及成都市鱼类知识，也为成都市鱼类水生态保护管理工作提供辅助鉴定工具。

编　者

2024 年 11 月

成都市鱼类研究概述

成都市鱼类研究始于 1878 年，至今已有近 150 年历史。20 世纪末，四川省自然资源研究所的丁瑞华和黄际潭调查发现，成都市内有鱼类 100 余种。2022—2024 年，成都市环境保护科学研究院联合中国科学院水生生物研究所和四川大学的调查表明，岷江、沱江流域成都段有鱼类 4 目 14 科 55 属 91 种。其中，鲤形目最多，有 4 科 42 属 67 种；其次为鲇形目和鲈形目，分别有 14 种和 9 种；合鳃鱼目有 1 种。优势种包括高体鳑鲏（*Rhodeus ocellatus*）、大鳞副泥鳅（*Paramisgurnus dabryanus*）、麦穗鱼（*Pseudorasbora parva*）、短须颌须鮈（*Gnathopogon imberbis*）、钝吻棒花鱼（*Abbottina obtusirostris*）和马口鱼（*Opsariichthys bidens*）等。锦江流域、金马河流域和沱江流域成都段曾分别捕获鱼类 41 种、72 种和 72 种。

成都市鱼类具有突出的生态研究价值与物种保护价值，其重要性主要体现在两大维度：成都平原水系孕育了独特的地方性鱼类区系，如成都鱲（*Zacco chengtui*）、彭县似䱻（*Belligobio pengxianensis*）和四川吻虾虎鱼

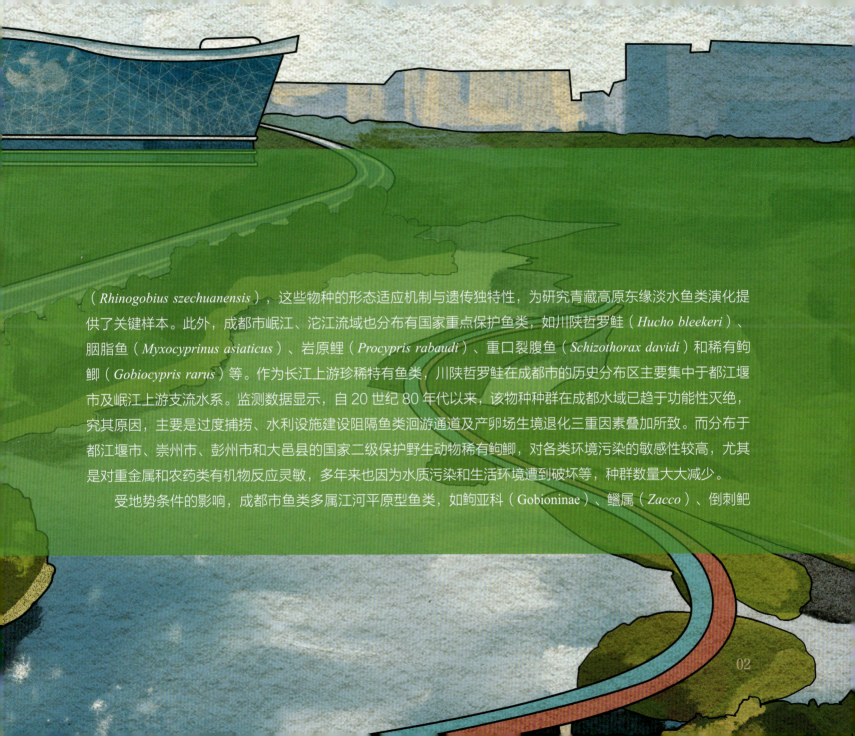

（*Rhinogobius szechuanensis*），这些物种的形态适应机制与遗传独特性，为研究青藏高原东缘淡水鱼类演化提供了关键样本。此外，成都市岷江、沱江流域也分布有国家重点保护鱼类，如川陕哲罗鲑（*Hucho bleekeri*）、胭脂鱼（*Myxocyprinus asiaticus*）、岩原鲤（*Procypris rabaudi*）、重口裂腹鱼（*Schizothorax davidi*）和稀有鮈鲫（*Gobiocypris rarus*）等。作为长江上游珍稀特有鱼类，川陕哲罗鲑在成都市的历史分布区主要集中于都江堰市及岷江上游支流水系。监测数据显示，自 20 世纪 80 年代以来，该物种种群在成都水域已趋于功能性灭绝，究其原因，主要是过度捕捞、水利设施建设阻隔鱼类洄游通道及产卵场生境退化三重因素叠加所致。而分布于都江堰市、崇州市、彭州市和大邑县的国家二级保护野生动物稀有鮈鲫，对各类环境污染的敏感性较高，尤其是对重金属和农药类有机物反应灵敏，多年来也因为水质污染和生活环境遭到破坏等，种群数量大大减少。

　　受地势条件的影响，成都市鱼类多属江河平原型鱼类，如鮈亚科（Gobioninae）、鱲属（*Zacco*）、倒刺鲃属（*Spinibarbus*）、黄颡鱼属（*Pelteobagrus*）、拟鳋属（*Pseudobagrus*）、鮠属（*Liobagrus*）、吻虾虎鱼属（*Rhinogobius*）和圆吻鲴属（*Distoechodon*）等典型类群。山区类群虽占比有限，但存在短体副鳅（*Paracobitis potanini*）、红尾副鳅（*Paracobitis variegatus*）、贝氏高原鳅（*Triplophysa bleekeri*）、尖头大吻鱥（*Rhynchocypris oxycephalus*）、重口裂腹鱼和齐口裂腹鱼（*Schizothorax prenanti*）等山地—平原过渡物种。广布种如中华鳑鲏（*Rhodeus sinensis*）、高体鳑鲏、麦穗鱼、鲤（*Cyprinus carpio*）、鲫（*Carassius auratus*）、鲇（*Silurus asotus*）和棒花鱼（*Abbottina rivularis*）等展现出强适应性，广泛分布于各区（市、县），其耐受跨度覆盖Ⅲ类至Ⅴ类水质梯度。外来物种中，德国镜鲤（*Cyprinus carpio* L. *mirror*）、丁鱥（*Tinca tinca*）、食蚊鱼（*Gambusia affinis*）、大口黑鲈（*Micropterus*

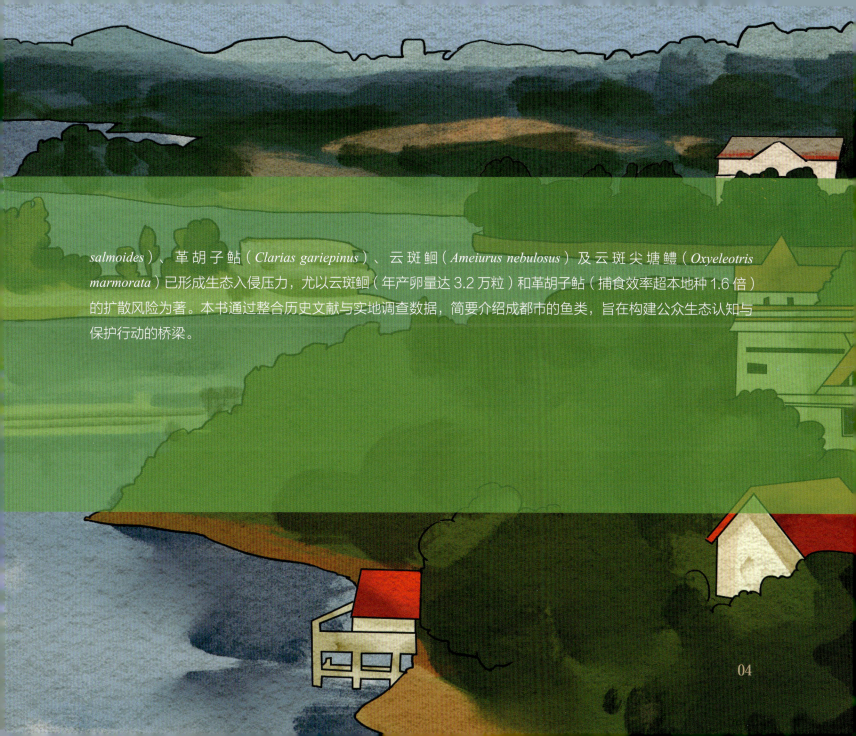

salmoides）、革胡子鲇（*Clarias gariepinus*）、云斑鮰（*Ameiurus nebulosus*）及云斑尖塘鳢（*Oxyeleotris marmorata*）已形成生态入侵压力，尤以云斑鮰（年产卵量达 3.2 万粒）和革胡子鲇（捕食效率超本地种 1.6 倍）的扩散风险为著。本书通过整合历史文献与实地调查数据，简要介绍成都市的鱼类，旨在构建公众生态认知与保护行动的桥梁。

目录
Contents

03

外来物种

川陕哲罗鲑 （*Hucho bleekeri*）

 虎鱼、猫鱼、虎嘉鱼

国家一级保护野生动物

【形态特征】体长而侧扁，腹部圆。体被小圆鳞，上、下颌均排列有利齿，尾柄上方有一脂鳍。

【体色特征】背部青灰色，腹部银白色，头部和身体有暗黑色小斑点。

【生态习性】大型冷水性鱼类，生活在海拔 700 ~ 1200 m、水流湍急、溶氧量和水温较低的高山溪流中。幼鱼捕食底栖无脊椎动物，成鱼主要以鳅科、鮡科和裂腹鱼亚科鱼类为食，也捕食水生昆虫、虾和水蚯蚓。繁殖期在 3 ~ 5 月。

【成都市内主要分布区域】都江堰市。

胭脂鱼（*Myxocyprinus asiaticus*）

俗名 黄排、粉排、血排

国家二级保护野生动物

【形态特征】体长而侧扁，背部在背鳍起点处特别隆起。幼鱼阶段，体高明显较大，身体近三角形，背鳍较高，头部较小且侧扁；成鱼阶段，体高明显降低，身体延长。

幼鱼

成鱼

【体色特征】幼鱼阶段，身体灰褐色，体侧有三条黑色宽横纹；成鱼阶段，身体黄褐色、粉红色或紫青色。

【生态习性】幼鱼喜集群于水流较缓的砾石间，多活动于中上层；成鱼喜在江河敞水区的中下层活动，行动敏捷。主要以摇蚊科、蜉蝣目、蜻蜓目、毛翅目和襀翅目等水生底栖动物为食。繁殖期在 3 ~ 5 月，怀卵量为 7 万 ~ 15 万粒。

【成都市内主要分布区域】主要分布于岷江、沱江干流，具体区域未见文献中有详细记载。

红尾副鳅 （*Paracobitis variegatus*）

俗名 红尾子、红尾杆鳅、钢鳅、红尾巴

【**形态特征**】体延长，前部呈圆筒形，后部稍侧扁。头扁平，须3对，尾柄上、下有发达的皮质棱。

【**体色特征**】身体青灰色，腹部浅黄色，背鳍前缘和外缘有鲜红色镶边，尾柄上的皮质棱边缘和尾鳍鲜红色。

【**生态习性**】底栖性鱼类，喜生活在水质清澈、多巨石的流水环境中。在野外常聚集在隐蔽物下，如岩缝中。主要以水生无脊椎动物，如寡毛类、摇蚊幼虫等为食。繁殖期在3～6月，产黏性卵。

【**成都市内主要分布区域**】都江堰市、彭州市、金堂县等。

短体副鳅 (*Paracobitis potanini*)

 俗名 钢鳅

【形态特征】体稍延长，前部呈圆筒形，后部侧扁，较红尾副鳅粗短。尾柄短而侧扁，上、下有发达的皮质棱。

【体色特征】身体灰褐色，背部和体侧有许多较宽的深褐色横条纹，腹部黄褐色。

【生态习性】底栖性鱼类，喜生活在江河、溪流的底层。生长速度较慢，主要以底栖无脊椎动物、昆虫幼虫等为食。繁殖期在 4 ~ 7 月，产黏性卵。

【成都市内主要分布区域】锦江区、温江区、双流区、新都区、崇州市、彭州市、邛崃市、蒲江县、大邑县等。

戴氏南鳅（*Schistura dabryi*）

俗名 瓦鱼子、麻鱼子、钢鳅

【形态特征】体延长，前部呈圆筒形，后部稍侧扁，腹部圆。头短小，扁平或侧扁。除头部外，体被细鳞。

【体色特征】背鳍前缘和外部边缘有黑褐色云状斑纹。

【生态习性】底栖性鱼类，生活在水流湍急，水质清澈，有砾石、岩缝或洞穴的河段。生长速度较慢，主要以鞘翅目、襀翅目、蜉蝣目、蜻蜓目、毛翅目、端足类、寡毛类、摇蚊幼虫等为食，也食用一些植物碎屑。繁殖期在 5 ~ 7 月，怀卵量少，一般为 300 ~ 1000 粒。

【成都市内主要分布区域】邛崃市、大邑县等。

侧纹云南鳅 （*Yunnanilus pleurotaenia*）

【形态特征】体稍延长，侧扁，略呈纺锤形，尾柄短。吻钝圆，口下位，唇较厚。体被细鳞。

【体色特征】体侧中轴上有一列黑斑，上、下侧有不规则的黑色斑纹。各鳍条灰白色，背鳍基部黑色。

【生态习性】集群于河流缓流处，行动较为迟缓。以水生无脊椎动物为食。繁殖期在 3～6 月。

【成都市内主要分布区域】崇州市、郫都区、都江堰市。

贝氏高原鳅 （*Triplophysa bleekeri*）

俗名 花泥鳅、钢鳅

【形态特征】体延长，前部近圆筒形，后部渐侧扁。尾柄短而较高。体表光滑无鳞。

【体色特征】体侧上部浅黄色，腹部棕黄色，头部、背部灰黑色，背部有 6 ~ 7 个大的黑色横斑。

【生态习性】生活在有砾石滩的流水江段。生长速度快，第二年体长可达 40 mm。主要以水生昆虫的成虫及幼虫、摇蚊幼虫、寡毛类、端足类以及植物碎屑和藻类等为食。成熟期为 2 ~ 3 龄，繁殖期在 5 ~ 7 月，怀卵量为 500 ~ 700 粒。

【成都市内主要分布区域】大邑县、崇州市、都江堰市、温江区、新都区、彭州市等。

泥鳅（*Misgurnus anguillicaudatus*）

俗名 鳅鱼

【**形态特征**】体细长，前部稍侧扁或近圆筒形，后部侧扁，腹部圆。口须短。尾柄上有不发达的皮质棱。

【**体色特征**】全身黄棕色或浅金黄色，背部有黑色的斑纹。

【**生态习性**】静水环境，尤以池塘、沟渠中分布较多。杂食性鱼类，食性广，一般摄食水蚤、水蚯蚓、昆虫、扁螺、水草、腐殖质及泥中的微小生物等。繁殖期在 4～5 月，成熟亲鱼常在浅水处产卵，卵略带黏性。

【**成都市内主要分布区域**】邛崃市、大邑县、崇州市、金堂县、双流区、新都区等。

大鳞副泥鳅 （*Paramisgurnus dabryanus*）

 俗名 大泥鳅、鳅鱼

【形态特征】体长而侧扁，腹部圆。头短，口须长。尾柄上有不发达的皮质棱。

【体色特征】身体灰褐色，背部颜色较深，腹部黄白色，体侧有不规则的斑点。胸鳍和腹鳍浅黄色，背鳍、臀鳍和尾鳍浅灰色，都布有不规则的黑色斑点。

【生态习性】生活在河流、湖泊、水库、沟渠和稻田的底层。杂食性鱼类。繁殖期在 4 ~ 6 月，分批产卵，卵略带黏性。

【成都市内主要分布区域】新津区、蒲江县、邛崃市、都江堰市等。

宽鳍鱲（*Zacco platypus*）

 俗名 桃花鱼、桃花板、桃花郎

【形态特征】体长而侧扁，腹部圆。吻钝。臀鳍条特别延长。上、下颌两侧平直，无凹凸。

【体色特征】雄性背部灰黑带绿色，雌性不显著，腹部银白色，体侧有10～15条垂直的黑色宽带纹，条纹之间有许多红色斑点。尾鳍灰色，后缘黑色。

【生态习性】江河的支流中较多，深水湖泊中少见。喜嬉游于水流较急、底质为砂石的浅滩。以浮游甲壳类为食，兼食一些藻类、小鱼及水底的腐殖质。繁殖期在3～6月，产沉性卵，卵无黏性。

【成都市内主要分布区域】都江堰市、邛崃市、温江区、蒲江县、新津区、双流区、彭州市、金堂县、简阳市等。

CHENGDU SHI HELIU YULEI TUJIAN

成都鱲（*Zacco chengtui*）

俗名 桃花鱼、桃花板

四川省重点保护野生动物

【形态特征】体长而侧扁，腹部圆。吻稍钝。口裂向下倾斜，下颌稍长于上颌。

【体色特征】背部黑灰色，腹部银白色。雄性体侧有 10 条显著的横条纹，雌性不显著。背鳍、尾鳍灰白色，其余各鳍条浅红色。

【生态习性】生活在水质清澈且水流较急的河流上游。以水生无脊椎动物为食。繁殖期在 5 ~ 7 月，产沉性卵，卵无黏性。

【成都市内主要分布区域】彭州市、都江堰市。

马口鱼 （*Opsariichthys bidens*）

 俗名 桃花鱼、桃花板

【形态特征】体长而侧扁。吻钝。口裂向下倾斜，下颌稍长于上颌，上颌前端的凸起和下颌的凹陷相嵌。

【体色特征】背部灰黑色，腹部银白色，眼睛上方有一红色斑点。

【生态习性】多生活在水质清澈的溪流或池塘中，喜低温，不耐低氧。以小鱼、小虾和各种水生昆虫为食，有时可跃出水面，吞食飞行的昆虫。繁殖期在 5 ~ 6 月，怀卵量不大。

【成都市内主要分布区域】新津区、邛崃市、蒲江县、大邑县、双流区、简阳市等。

稀有鮈鲫 （*Gobiocypris rarus*）

俗名 金白娘、墨线鱼

国家二级保护野生动物

【形态特征】体型小，呈纺锤形，稍侧扁。口较小，呈弧形，口裂向下倾斜，眼间较宽且平坦。

【体色特征】背部和体侧上部黄灰色或青灰色，体侧下部和腹部银白色。侧线上方有一条黑色纵纹，尾鳍基部有一黑色斑点。

【生态习性】多生活在泥沙底质和水流畅通的稻田、沟渠及池塘中。繁殖期在 3 ~ 11 月，分批产卵，单次产卵 300 粒左右。

【成都市内主要分布区域】都江堰市、崇州市、彭州市、大邑县。

草鱼 （*Ctenopharyngodon idella*）

 草棒、草鲩

【形态特征】体长，前部近圆筒形，尾部侧扁，腹部圆。鳞片大，呈圆形。

【体色特征】身体茶黄色，腹部灰白色，胸鳍、腹鳍略带灰黄色。

【生态习性】生活在水体的中下层和近岸多水草的区域，多分布在湖泊、水库和池塘。幼鱼常捕食昆虫、蚯蚓、浮游植物和水生植物浮萍等，成鱼完全摄食高等水生植物，以禾本科居多，是典型的草食性鱼类。生性活泼，游速快，成群觅食。自然分布的草鱼具有明显的江湖洄游特性，性成熟个体在江河流水中产卵。

【成都市内主要分布区域】邛崃市、双流区、成华区、金堂县等。

尖头大吻鲅 （*Rhynchocypris oxycephalus*）

俗名 木叶鱼、木叶子、麻鱼子

【形态特征】体长而侧扁，腹部圆。唇薄而简单。

【体色特征】背部灰黑色，体侧下部浅灰黑色，体侧密布黑色斑点。

【生态习性】小型冷水性鱼类，生活在低山区和中山区水温较低、溶氧量较高，底质为砂砾的溪流上游。杂食性鱼类，食物为水生无脊椎动物以及落水昆虫、蚯蚓、藻类和植物碎屑等。繁殖期在 4～7 月，成群在水流较缓、多乱石的河段产黏性卵。

【成都市内主要分布区域】崇州市、彭州市等。

黄尾鲴 （*Xenocypris davidi*）

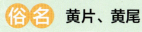

【形态特征】体长而侧扁，呈纺锤形，腹部圆。下颌有角质边缘。肛门前有一短而不发达的腹棱。

【体色特征】背部灰黑色，腹部银白色，尾鳍橘黄色，鳃盖骨后缘有一黄色斑块。

【生态习性】多生活在宽阔水域的水体下层。主要以高等植物的碎屑和藻类为食，兼食甲壳动物和水生昆虫等。繁殖期在 4 ~ 6 月，多在急流的河滩处产漂流性卵。

【成都市内主要分布区域】新津区、简阳市、彭州市、金堂县等。

方氏鲷 （*Xenocypris fangi*）

俗名 黄片

【形态特征】体长而侧扁，呈纺锤形。头小，吻端钝，尾鳍分叉，下叶稍长于上叶。

【体色特征】背部青灰色，腹部银白色，鳍条橘红色。

【生态习性】中下层鱼类，生活在静水和缓流水体的泥底，也见于支流溪河中。主要食用藻类，常用下颌角质边缘铲食水底泥沙或石头表面的着生藻类。食物中硅藻出现的频率最高，其次是颤藻、蓝藻、水绵等，也食用少量的动物性饵料，如原生动物、石蚕、贝壳等。繁殖期在 4～6 月，5 月为盛期。

【成都市内主要分布区域】新津区、金堂县。

圆吻鲴 (*Distoechodon tumirostris*)

 俗名 青片

【形态特征】体长而侧扁，呈纺锤形，腹部圆。吻短，末端圆钝，下颌有发达的角质边缘。

【体色特征】背部深灰褐色，腹部银白色，臀鳍基部浅黄色，成鱼眼后有一浅黄色斑块。

【生态习性】生活在江河的中下层。食物以藻类为主，主要铲食丝状硅藻、蓝绿藻，也食用动植物碎屑、甲壳动物、水生昆虫等。成熟期为 2 龄，繁殖期在 4 ~ 5 月。喜集群，有很强的领地意识，遇到外敌入侵时，会用铲形的圆吻与其争斗，将其赶出领地。

【成都市内主要分布区域】彭州市、金堂县、崇州市。

鳙 （*Aristichthys nobilis*）

俗名 花鲢、胖头鱼、黑鲢

【**形态特征**】体侧扁，较高。头肥大。吻短，宽而圆。

【**体色特征**】背部和体侧上部微黑，腹部银白色，体侧有许多不规则的黑色斑点。

【**生态习性**】生活在流水或较大的静水水体的中上层。主要以浮游动物为食，也食用浮游植物。生长速度快。性成熟后有溯河产卵的习性，多在河床和较深的湾沱中越冬。常用鳃耙过滤水中微小的浮游生物、有机碎屑等，是常见的滤食性鱼类。

【**成都市内主要分布区域**】蒲江县、彭州市等。

鲢 （*Hypophthalmichthys molitrix*）

俗名 白鲢、鲢子、洋胖子

【**形态特征**】体侧扁，呈纺锤形。头大。口裂稍向上倾斜，胸鳍基部与肛门间有发达的腹棱。

【**体色特征**】体侧及腹部银白色，背部灰黑略带黄色。

【**生态习性**】生活在水体的上层。典型的滤食性鱼类，蓝藻、裸藻、隐藻、金藻、绿藻和黄藻等均为其易于消化的浮游植物。每年 4 月中旬集群溯河洄游至产卵场繁殖，产漂流性卵。

【**成都市内主要分布区域**】新都区、简阳市、天府新区等。

中华鳑鲏 （*Rhodeus sinensis*）

俗名 菜板鱼、簸箕鱼

【**形态特征**】体侧扁，近卵圆形，头后背部隆起呈弧形。侧线不完全，仅及胸鳍上方。口角无须。体较低，标准长为体高的 2.3 倍以下。

【**体色特征**】繁殖季节，雄鱼色彩异常鲜艳，吻部及眼眶周缘有珠星。

【**生态习性**】生长速度缓慢。通常以藻类和植物碎屑为食。繁殖期在 5 月下旬，是典型的喜贝类产卵鱼类。雌鱼将卵产于蚌的鳃瓣中，受精卵发育孵化成幼鱼后离开蚌体，弥补了其繁殖率低且无护幼行为的弱点。

【**成都市内主要分布区域**】各区（市、县）皆有分布。

蓝吻鳑鲏 （*Rhodeinae cyanorostris*）

【形态特征】体侧扁，侧线不完全。吻短，较尖。鼻靠近眼前缘，前后鼻孔紧密相连。

【体色特征】雄鱼背部和体侧上部灰黄色，体侧下部金黄色，尾柄中部有一条蓝色纵纹，繁殖期间吻部有蓝色珠星。

【生态习性】生活在水流缓和的小河和沟渠中，喜集群。杂食性鱼类，摄食硅藻和其他藻类的碎屑、浮游动物、一些枝角类和桡足类等底栖动物、水草及高等植物的碎片和有机物。繁殖期在 2～11 月。繁殖期间，雌雄相伴，寻找合适的蚌或河蚬，将卵产在其外套腔中，受精卵附在蚌或河蚬的鳃瓣间发育孵化。

【成都市内主要分布区域】彭州市、郫都区。

按：2018 年发现的新种，是成都特有种，分布范围极其狭窄，现已数量稀少。

高体鳑鲏（*Rhodeus ocellatus*）

俗名 菜板鱼、簸箕鱼

【形态特征】体侧扁，近菱形或卵圆形，头后背部隆起呈弧形。体较高，标准长为体高的 2.3 倍以下。

【体色特征】背部灰绿色，体侧和腹部银白色，腹鳍不分支鳍条乳白色，尾柄中部有一条蓝色纵纹。

【生态习性】多活动于靠近河岸的水草边缘或无水草的近岸上层水域，喜水流缓慢、水草茂盛的水体。杂食性鱼类，以轮虫、枝角类、桡足类、藻类、有机碎屑等为食，也摄食水草和高等植物。繁殖期在 3 ~ 10 月，依蚌产卵。

【成都市内主要分布区域】新津区、邛崃市、蒲江县、都江堰市、金堂县等。

方氏鳑鲏 （*Rhodeus fangi*）

 菜板鱼、簸箕鱼

【形态特征】体侧扁，呈纺锤形。头较小，口端位，口裂呈弧形。侧线不完全，尾鳍分叉。

【体色特征】雄鱼背部和体侧浅黄灰色，腹部银白色，眼上缘红色，尾柄中部有一条蓝色纵纹。雄鱼鳃盖上角通常有一圆形黑斑，雌鱼背鳍前方通常有一小块黑斑。

【生态习性】生活在水流缓慢的河流、沟渠中。杂食性鱼类。繁殖期在 3 ~ 10 月。繁殖期间，雄鱼上唇红色。

【成都市内主要分布区域】新津区、双流区。

大鳍鱊（*Acheilognathus macropterus*）

俗名 菜板鱼

【形态特征】体侧扁，近卵圆形。侧线完全。口角须 1 对，或缺失。背鳍分支鳍条在 15 根以上。

【体色特征】背部暗绿色，体侧白色，腹部黄白色。尾柄中线上有一条较宽的黑色纵纹，自后向前逐渐变细弱，颜色变浅。

【生态习性】生活在水流较缓的江河、溪流中。杂食性鱼类，喜食穗状狐尾藻、金鱼藻。繁殖期在 3 ~ 10 月，分批产卵。

【成都市内主要分布区域】简阳市。

峨眉鱊（*Acheilognathus omeiensis*）

 俗名 菜板鱼

四川省重点保护野生动物

【形态特征】体侧扁，背部隆起。口角须较长，长度超过眼径。

【体色特征】背部浅灰色，体侧上部鳞片边缘灰黑色。

【生态习性】生活在水流较缓的江河、溪流、沟渠和池塘等水体中。稚鱼期多在靠近河岸的水草边缘或无水草的近河岸上层水域，营浮游生活。杂食性鱼类，喜食水蚤、剑水蚤、轮虫、摇蚊幼虫等水生昆虫，绿藻门中的团藻目、绿球藻目、丝藻目、双星藻目和鼓藻目等。繁殖期在 4 ~ 6 月，分批依蚌产卵，怀卵量少，一般为 400 ~ 600 粒。

【成都市内主要分布区域】温江区、蒲江县、双流区等。

河流鱼类图鉴

28

兴凯鱊（*Acheilognathus chankaensis*）

俗名 菜板鱼

【**形态特征**】体侧扁，近卵圆形。臀鳍分支鳍条多，在10根以上；鳃耙数少，在18枚以下。

【**体色特征**】背部灰黄色，体侧下部灰白色。尾柄中线上有一条黑色纵纹，背鳍和臀鳍上有两列黑色小斑点。

【**生态习性**】生活在江河、沟渠和池塘的静水浅水处。杂食性鱼类，主要以浮游生物、原生动物和幼嫩的水生维管束植物的茎、叶等为食。繁殖期在5～6月。

【**成都市内主要分布区域**】简阳市、金堂县。

四川华鳊 （*Sinibrama taeniatus*）

 墨线鱼

【形态特征】体长而侧扁，背部较厚，腹鳍基部与肛门间有腹棱。

【体色特征】身体上半部浅灰色，下半部灰白色，侧线上方有一条明显的黑色纵带，黑色纵带上方有一条窄而明显的白色纵带。

【生态习性】生活在江河的中上层。繁殖期在 4 ~ 5 月，繁殖季节到流水较急的浅滩上产黏性卵。

【成都市内主要分布区域】双流区、邛崃市、蒲江县、崇州市、大邑县、金堂县、简阳市等。

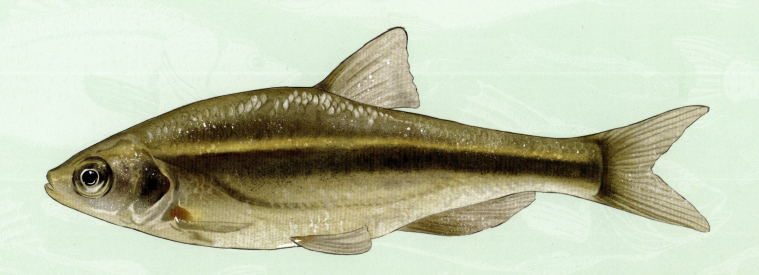

汪氏近红鲌 （*Ancherythroculter wangi*）

俗名 麻尖

【形态特征】体长而侧扁，腹鳍基部与肛门间有腹棱。鳞片较薄，易脱落。

【体色特征】体侧上部灰褐色，体侧下部和腹部银白色，界限明显，尾鳍边缘黑色。

【生态习性】生长速度较快。主要以水生昆虫、虾和小鱼为食。繁殖期在 5 ～ 6 月，产黏性卵。

【成都市内主要分布区域】简阳市、金堂县。

半鳘 （*Hemiculterella sauvagei*）

 俗名 蓝片子、蓝刀皮

【形态特征】体长而侧扁，背部较平直，腹鳍基部与肛门间有腹棱。吻略尖，口端位，口裂斜，无触须。

【体色特征】背部灰黑略带棕黄色，体侧下部和腹部银白色。

【生态习性】生活在江河、湖泊、水库的中上层。繁殖期在 3～6 月，产黏性卵。

【成都市内主要分布区域】邛崃市、大邑县、崇州市、双流区、简阳市、金堂县。

CHENGDU SHI HE LIU YULEI TUJIAN

鳘 （*Hemiculter leucisculus*）

 俗名 白条、鳘子、刀片鱼

【形态特征】体长而侧扁，背部稍平，腹部略呈弧形，胸鳍基部与肛门间有发达的腹棱。

【体色特征】头背部和背部青灰色，腹部银白色。

【生态习性】中上层鱼类，一般情况下在水体上层活动。喜集群于沿岸浅水区，冬季则游到深水区，池塘、沟渠、溪流、江河、湖库等水体中都有分布。主要以藻类为食，也摄食高等植物碎屑、水生昆虫、河虾等。繁殖期在 5 ~ 7 月，怀卵量为 5000 ~ 15000 粒。

【成都市内主要分布区域】新津区、双流区、简阳市、金堂县等。

张氏鳘 （*Hemiculter tchangi*）

俗名 黑尾

【形态特征】体长而侧扁，较厚，背部平直，腹部略呈弧形，胸鳍基部与肛门间有腹棱。

【体色特征】背部青灰色，体侧和腹部白色，尾鳍边缘黑色。

【生态习性】小型鱼类，分布于江河、湖泊和水库中。食性杂，主要以藻类、高等植物碎屑、水生昆虫等为食。生长速度较快，以1～2龄生长最快。繁殖期在5～7月，产黏性卵，怀卵量为1万～2万粒。

【成都市内主要分布区域】邛崃市、简阳市等。

翘嘴鲌（*Culter alburnus*）

俗名 翘壳、鸭嘴子

【形态特征】体长而侧扁，头后背部稍隆起。口上位，口裂几乎与体轴垂直。

【体色特征】背部和体侧上部浅棕色，体侧下部灰白色。

【生态习性】中上层鱼类，生活在湖泊、水库及河流等大水体中。主要以枝角类、桡足类、水生昆虫、虾类等为食，也捕食中上层小型鱼类如鲌亚科、鲌亚科等。繁殖期在 6 ~ 8 月，在水流缓慢的河湾或湖泊浅水区集群繁殖，产黏性卵。

【成都市内主要分布区域】简阳市等。

蒙古红鲌 （*Chanodichthys mongolicus*）

俗名 红梢、蒙古鲌、红尾、齐嘴红梢

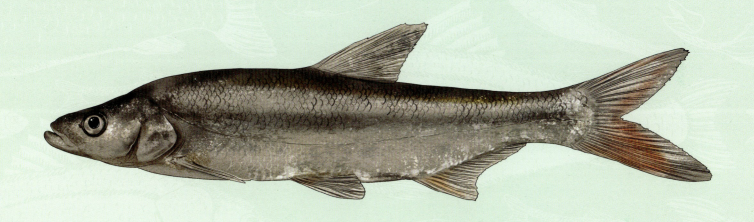

【形态特征】体长而侧扁，头后背部稍隆起，腹部圆，腹鳍基部与肛门间有腹棱。口端位，口裂斜，下颌稍长于上颌。

【体色特征】头背部和背部灰色略带黄褐色，体侧下部和腹部白色，背鳍灰色，胸鳍、腹鳍浅黄色，臀鳍浅黄略带红色。

【生态习性】生活在江河和水库中。主要以鱼为食，除捕食一些小型鱼类如鮈亚科、鲌亚科外，也吞食鱼苗。幼鱼喜食枝角类、水生昆虫以及虾类等。繁殖期在 5～7 月，在流水环境中产黏性卵。怀卵量大，为 40 万～70 万粒。

【成都市内主要分布】简阳市、金堂县等。

红鳍原鲌 （*Cultrichthys erythropterus*）

俗名 翘嘴

【形态特征】体长而侧扁，头后背部隆起，胸鳍基部后缘与肛门间有发达的腹棱。

【体色特征】背部青灰色，腹部银白色，背鳍和尾鳍上叶青灰色，腹鳍、臀鳍和尾鳍下叶橙红色，臀鳍颜色显著。

【生态习性】生活在水草丰茂湖泊的中上层以及江河的缓流处，幼鱼常集群在沿岸觅食，在深水处越冬。肉食性鱼类。幼鱼主要摄食枝角类、桡足类等水生昆虫；成鱼主要捕食小型鱼类，以及少量水生昆虫、虾和枝角类。繁殖期在 5 ~ 7 月，产黏性卵，怀卵量为 1 万 ~ 6 万粒。

【成都市内主要分布区域】简阳市。

唇䱻（*Hemibarbus labeo*）

俗名 土凤鱼、重唇鱼

【形态特征】体长而稍侧扁，背部略呈弧形，腹部圆。吻长，向前突出。口下位，呈马蹄形。

【体色特征】背部青灰色，腹部白色。体长在 140 mm 以下的幼鱼体侧有 7 ~ 10 个明显的黑色斑块，体长在 140 mm 以上的个体则斑块消失。

【生态习性】以动物性饵料为食，如水生昆虫的幼虫以及虾类，也摄食小型软体动物。2 龄达到性成熟，繁殖期在 4 ~ 5 月，怀卵量随年龄和个体的大小有较大差异。

【成都市内主要分布区域】都江堰市、蒲江县、双流区、彭州市等。

花鲭 （*Hemibarbus maculatus*）

俗名 大鼓眼、麻鲤、麻沙根

【形态特征】体长，前部略呈棒状，后段稍侧扁。侧线完全且平直。吻较尖，向前突出，吻长小于眼后头长。口下位，呈马蹄形。

【体色特征】背部青灰色，腹部白色，背部、体侧和鳍条上有许多黑褐色斑点，侧线附近有 7 ~ 14 个大黑斑。

【生态习性】生活在水体的中下层。肉食性鱼类，喜食无脊椎动物的幼虫、成虫，寡毛类，河蚬和小鱼等。2 龄达到性成熟，繁殖期在 4 ~ 5 月，产黏性卵。

【成都市内主要分布区域】邛崃市、双流区、简阳市。

似鮈 （*Belligobio nummifer*）

俗名 麻花鮈、麻花鱼

【形态特征】体长而稍侧扁，腹部圆。头较长，呈锥形。背鳍末根不分支鳍条柔软。眼眶下缘具黏液腔。

【体色特征】背部青灰色，腹部灰白色。侧线下方有许多黑褐色小斑点；侧线上方有6～10个黑褐色大斑点。尾鳍上有许多黑色小斑点，其余各鳍条灰白色。

【生态习性】生活在江河中。小型肉食性鱼类，生长速度缓慢。繁殖期在4～6月，产黏性卵。

【成都市内主要分布区域】新津区、蒲江县、大邑县、邛崃市、崇州市、都江堰市等。

彭县似鳊 （*Belligobio pengxianensis*）

四川省重点保护野生动物

【形态特征】体长而稍侧扁，腹部圆。头较长，呈锥形。吻稍短钝。

【体色特征】背部青灰色，腹部灰白色。侧线下方有一条灰黑色纵纹，侧线上方有 5 ~ 10 个黑色斑块。

【生态习性】主要生活在灌溉渠和水沟中，以及水道曲折、水量较丰沛的河段。肉食性鱼类，主要以底栖动物为食。

【成都市内主要分布区域】彭州市。

麦穗鱼 （*Pseudorasbora parva*）

俗名 罗汉鱼、万年鳌

【形态特征】体长而侧扁，尾柄较宽，腹部圆。头小，吻尖，口上位，唇薄而简单。鳞片较大，腹鳍基部有腋鳞。

【体色特征】背部和体侧上部灰黑色，腹部白色。

【生态习性】有较强的环境适应能力，在水流较急、被捕食风险较大的混合环境中摄食灵活性较强。主要以藻类为食，夏秋季以藻类和水生植物为食，秋冬季则摄食较多的底栖动物。繁殖期在 4 ~ 5 月，产黏性卵。

【成都市内主要分布区域】新津区、蒲江县、大邑县、邛崃市、崇州市、都江堰市等。

川西鳈（*Sarcocheilichthys davidi*）

俗名 花花媳妇、花鱼

【形态特征】体长而稍侧扁，腹部圆。吻稍圆钝，口小，呈马蹄形。背鳍起点至吻端与尾鳍基部的距离大致相等。

【体色特征】背部和体侧青灰色，腹部灰白色，体侧有许多不规则的黑色斑纹。繁殖期间，鳍条常呈橘红色。

【生态习性】生活在江河、溪流中。小型杂食性鱼类。繁殖期在 4 ~ 6 月，分批产卵，卵无黏性。

【成都市内主要分布区域】彭州市、金堂县、简阳市、大邑县、蒲江县等。

黑鳍鳈 （*Sarcocheilichthys nigripinnis*）

 花花媳妇、花鱼

【形态特征】体长而稍侧扁，尾柄稍短，腹部圆。头较小，呈圆锥形，口较川西鳈大。背鳍起点至吻端的距离远小于至尾鳍基部的距离。

【体色特征】背部和体侧有不规则的黑色斑块，体侧中部有一条黑色间杂棕黄色的纵纹。

【生态习性】中下层鱼类，一般生活在水质清澈、底栖动植物较多的流水或静水中。以底栖无脊椎动物、碎屑和着生藻类为食。2 龄达到性成熟，繁殖期在 4 ~ 7 月，分批依蚌产卵。

【成都市内主要分布区域】邛崃市、简阳市等。

短须颌须鮈（*Gnathopogon imberbis*）

 俗名　麻鱼子、黑线鱼

【形态特征】体略长，稍侧扁，腹部圆，尾柄高。头呈圆锥形，吻短，稍钝，口端位。

【体色特征】身体灰黑色，腹部灰白色，体侧上部颜色深，略带棕色，中部有一条较宽的黑色纵纹。

【生态习性】生活在山涧溪流中。生长速度缓慢。食性较杂，主要摄食水生昆虫、藻类、水生植物和碎屑。繁殖期在 5 ~ 6 月，怀卵量小。

【成都市内主要分布区域】新津区、蒲江县、邛崃市、大邑县、崇州市、温江区等。

银鮈 （*Squalidus argentatus*）

俗名 亮壳、亮幌子

【形态特征】体细长，近圆筒形。尾柄细长，稍侧扁。头较长，呈锥形。须 1 对，较长。上颌稍长于下颌，无角质边缘。眼大。

【体色特征】身体银白色，背部银灰色。

【生态习性】生活在水体的中下层。杂食性鱼类，食物来源广泛，主要由有机碎屑、藻类、摇蚊幼虫等多种类型组成。藻类包括硅藻、蓝藻、绿藻和黄藻。繁殖期在 5 ~ 6 月，产漂流性卵，一次性产卵，怀卵量为 1000 ~ 20000 粒。

【成都市内主要分布区域】新津区、邛崃市、双流区。

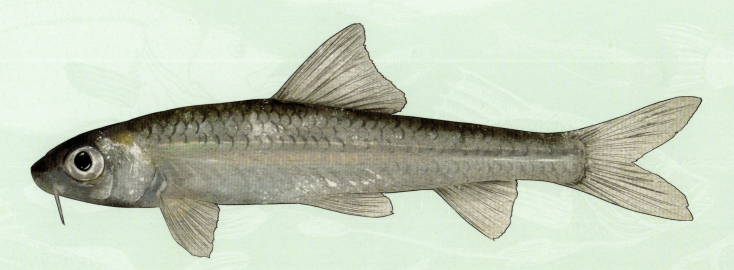

点纹银鮈（*Squalidus wolterstorffi*）

俗名 麻鱼子

【形态特征】体长而稍侧扁，腹部圆。头较长，呈锥形。吻短，稍圆钝。须长，长度大于或等于眼径。

【体色特征】背部灰黑带绿色，腹部银白色，体侧中部有一条暗色条纹，其上有不规则的暗斑。

【生态习性】个体小，分布范围广，主要以水生昆虫的成虫及幼虫、硅藻、绿藻以及水生植物的嫩叶和植物碎屑为食。1 龄即达到性成熟，繁殖期在 4 ~ 5 月。

【成都市内主要分布区域】简阳市、金堂县。

棒花鱼（*Abbottina rivularis*）

俗名 麻鱼子

【**形态特征**】体稍长，粗状，前部近圆筒形，后部稍侧扁。口下位，近马蹄形。唇发达，下唇中叶有两个较大的乳突。上、下颌无角质边缘，胸鳍前方裸露无鳞。

【**体色特征**】背部棕黄色，腹部银白色，体侧有 8～9 个暗黑色斑点。背鳍、尾鳍上较均匀地分布着黑色斑点。

【**生态习性**】杂食性鱼类，主要以枝角类、桡足类和端足类等为食，也食用水生昆虫、水蚯蚓和植物碎屑。繁殖期在 3～4 月。繁殖期间，雄鱼有筑巢和护卵的习性。

【**成都市内主要分布区域**】大邑县、崇州市、都江堰市、双流区、简阳市、金堂县等。

钝吻棒花鱼（*Abbottina obtusirostris*）

俗名 乌嘴

【**形态特征**】体稍长，粗壮，前部近圆筒形，背部稍隆起，腹部圆。吻前端较圆钝，上、下颌有角质边缘，胸鳍与腹鳍基部之间的腹部无鳞。

【**体色特征**】身体棕灰色，背部和体侧上部颜色较深，头部颜色更深，呈灰黑色。背鳍和尾鳍上有许多深黑色斑纹，胸鳍亦有，较少。

【**生态习性**】以底栖无脊椎动物为食，如端足类、水生昆虫，也食用植物碎屑。1冬龄即达到性成熟，繁殖期在3～4月。

【**成都市内主要分布区域**】蒲江县、大邑县、彭州市、都江堰市、温江区等。

乐山小鳔鮈 （*Microphysogobio kiatingensis*）

俗名 麻鱼子

【形态特征】体长，前部稍粗壮，向后渐侧扁，腹部圆，尾柄较细。上、下颌有较发达的角质边缘。唇较发达，其上有许多乳突。眼中等大，眼间较宽而平。

【体色特征】身体棕灰色，腹部灰白色，背部有 5～6 个较大的黑色斑块。

【生态习性】小型底栖性鱼类，常见于急流且有砾石或砾石底的河滩。杂食性鱼类。繁殖期在 4～7 月，在流水滩上产黏性卵。

【成都市内主要分布区域】新津区、蒲江县、邛崃市、大邑县、金堂县。

蛇鮈 （*Saurogobio dabryi*）

俗名 船钉子、船丁、达氏蛇鮈

【形态特征】体细长，呈圆筒形，腹部较平坦，尾柄显著延长，稍侧扁。吻长，向前突出，鼻孔前方向下凹陷。口角须 1 对。

【体色特征】背部和体侧上部黄绿色，腹部灰白色，体侧近中部上方有一条浅黑色纵纹。

【生态习性】底栖性鱼类，主要以水生昆虫、水蚯蚓以及桡足类、端足类等底栖无脊椎动物为食，也食用水草、藻类和植物碎屑。1 龄即达到性成熟。繁殖期在 4 ~ 5 月，产漂流性卵。

【成都市内主要分布区域】金堂县、简阳市、双流区等。

短身鳅鮀 （*Gobiobotia abbreviata*）

 **俗名** 沙胡髭

【形态特征】体较短，尾柄细而侧扁。头较宽，吻圆钝，头背部稍隆起。鳞片稍大，侧线平直，背鳍前缘有不发达的皮质棱。

【体色特征】背部灰黑色，腹部灰白色。各鳍条灰黑色，其上布有不规则的黑色斑点，以背鳍和尾鳍较显著。

【生态习性】底栖性鱼类，生活在底质为沙石的江河流水环境中。喜食无脊椎动物。繁殖期在 5 ~ 7 月，在流水滩上产漂流性卵。

【成都市内主要分布区域】双流区。

中华倒刺鲃（*Spinibarbus sinensis*）

俗名 青波

【形态特征】体延长，呈纺锤形。腹部圆，无腹棱。背鳍起点前方皮下有一平卧的硬棘。

【体色特征】背部青灰色，腹部灰白色。

【生态习性】主要生活在水流较急而底层多乱石或沙质、硬底的江河中。杂食性鱼类，食物构成随生活环境的不同而变化，多以高等植物的碎屑、藻类、水生昆虫以及淡水壳菜为食。繁殖期在 4～6 月，11 月下旬进入湾沱中越冬，成群居于水体底部的岩洞、石穴中。

【成都市内主要分布区域】简阳市。

华鲮 （*Sinilabeo rendahli*）

俗名 青龙棒、青鲴

【形态特征】体长而稍侧扁，呈棒状，尾柄高且厚。吻圆钝，稍向前突出，吻长约等于眼后头长。

【体色特征】身体青黑色且有许多浅红色斑点，腹部灰白略带黄色。

【生态习性】主要以硅藻和绿藻等为食，也食用高等水生植物的嫩叶及有机碎屑，以及水生昆虫和甲壳动物。
生长周期长，通常 2～3 冬龄达到性成熟。繁殖期在 3～5 月，常在急流乱石中产黏性卵。

【成都市内主要分布区域】金堂县、简阳市。

齐口裂腹鱼 （*Schizothorax prenanti*）

俗名 齐口、细甲鱼、豹口、雅鱼、洋鱼、丙穴鱼、嘉鱼

【形态特征】体延长，稍侧扁，头呈锥形，体被细鳞。口下位，横裂呈弧形，整个下颌前缘有锐利的角质边缘。背鳍刺甚弱，须长约等于眼径。

【体色特征】背部青蓝色或暗灰色，腹部银白色。

【生态习性】底栖性鱼类，生活在水温较低（7℃～10℃）、水流湍急、溶氧量较高的山区河流中。常以发达的下颌角质刮取岩石上的着生藻类，喜食硅藻、蓝藻、绿藻和红藻，也食用一些昆虫的幼虫和植物碎屑。3～4龄达到性成熟。繁殖力较强，繁殖期在3～4月，怀卵量为2万～4万粒，多在急流浅滩的砂砾上产卵。

【成都市内主要分布区域】都江堰市、崇州市、彭州市等。

重口裂腹鱼（*Schizothorax davidi*）

俗名 雅鱼、重口、细甲鱼、嘉鱼

【形态特征】体延长，稍侧扁，头呈锥形，背部略宽，体被细鳞。下颌内侧有较发达的角质，不锐利。下唇发达，分为左、右两叶。须2对，较粗。

【体色特征】背部青蓝色或暗灰色，腹部银白色。

【生态习性】冷水性鱼类，生活在峡谷河流中，常在底质为砂石或砾石、水流湍急的环境中活动，秋后移向河流深潭或水下岩洞中越冬。杂食性鱼类，主要以摇蚊、蜉蝣、石蝇和石蛾的幼虫为食，也食用少量的桡足类，部分硅藻、绿藻以及高等植物的碎片等。幼鱼和齐口裂腹鱼幼鱼食性相似，以硅藻为主，蓝藻、绿藻次之，还有少量昆虫的幼虫。

【成都市内主要分布区域】都江堰市。

岩原鲤 （*Procypris rabaudi*）

国家二级保护野生动物

【形态特征】体长而侧扁，略呈菱形，背部隆起，腹部较圆。口亚下位，呈马蹄形。须2对。

【体色特征】头部和背部深黑色或紫黑色，且略带蓝色光泽，腹部银白色。

【生态习性】生活在水流较缓的底层，躲在岩洞或深沱中越冬。食性较杂，主要摄食底栖动物，如水生昆虫、淡水壳菜、蚬和寡毛类等，也食用植物碎屑和浮游植物。繁殖期在2～4月，产黏性卵，产卵盛期在2～3月。

【成都市内主要分布区域】彭州市、双流区。

鲤 （*Cyprinus carpio*）

 **鲤拐子**

【形态特征】体长而侧扁，背部隆起，腹部平直。口下位，呈马蹄形。须2对。

【体色特征】体色随生活环境的不同而有较大变化，背部颜色深，多呈灰黑色或黄褐色。

【生态习性】江河、湖泊、水库、池塘等都可生存，没有严格的选择性。适应能力强，可以在静水中繁殖，繁殖期在3～5月，也可在秋季产卵。分批产黏性卵。

【成都市内主要分布区域】新津区、邛崃市、双流区、成华区、简阳市等。

鲫 （*Carassius auratus*）

俗名 鲫鱼、鲫壳、鲫瓜子

【形态特征】体长而侧扁，腹部圆。头短小，口端位，呈弧形，下颌稍向上倾斜。鼻孔小，位于眼前缘上方。

【体色特征】背部灰黑色，腹部灰白色，各鳍条灰色。

【生态习性】温水性鱼类，喜在水体底层活动，对低氧的适应能力很强，遍布于江河、湖泊、水库、池塘、沟渠、沼泽中。杂食性鱼类，食物为有机碎屑、水草、植物种子、摇蚊幼虫、枝角类和桡足类等。繁殖期在 3～7 月，产黏性卵。

【成都市内主要分布区域】各区（市、县）皆有分布。

四川华吸鳅 （*Sinogastromyzon szechuanensis*）

 俗名 石爬子

【形态特征】体短，前部扁平，后部渐侧扁，腹部平坦，体宽显著大于体高。吻圆钝，呈铲状，吻皮下包成吻
　　　　　　褶并与上唇间形成吻沟。

【体色特征】背部及各鳍条灰色，密布深灰色斑块。

【生态习性】生活在山涧溪流多砾石河段。主要摄食藻类，如丝状藻和硅藻。繁殖期在 5 月，怀卵量为 4000 ～ 5000 粒。在急流石滩上产黏性卵。腹部有吸盘，能吸附在水流非常湍急的山涧溪流砾石滩上。可以跳跃前进，行动敏捷。幼鱼通常孵出不久就可以在砾石上爬行。

【成都市内主要分布区域】蒲江县。

鲇 *(Silurus asotus)*

  俗名 鲇巴郎、土鲇

【**形态特征**】体长而侧扁，背部平直，腹部圆。体表光滑无鳞。口裂较深，末端达到眼前缘垂直线。须 2 ~ 3 对。

【**体色特征**】背部灰褐色，体侧颜色浅，颏部略带黄绿色。

【**生态习性**】生活在江河、湖泊、水库、池塘的中下层，多在沿岸地带活动。肉食性鱼类，捕食小型鱼类、寡毛类、淡水壳菜和水生昆虫等。1 龄即达到性成熟。繁殖期在 5 ~ 9 月，产黏性卵。水温为 16℃ ~ 22℃时，多在支流的水草中、岸边的礁石处产卵。适应能力强，游动迟缓，耐低氧，溶氧量在 1 mg/L 以下也能生存。

【**成都市内主要分布区域**】新津区、蒲江县、成华区、双流区、邛崃市、温江区、彭州市、都江堰市等。

大口鲇（*Silurus meridionalis*）

 俗名 河鲇、鲇巴郎

【形态特征】体长而侧扁，背部平直，腹部圆。体表光滑无鳞。口大，有须，口裂末端超过眼前缘垂线。

【体色特征】背侧部一般为黄绿色，各鳍条灰黑色，颏部灰白色。

【生态习性】底栖性鱼类，昼伏夜出。肉食性鱼类，幼鱼体长达到 15 mm 即可吞食其他仔鱼、虾和水生昆虫，体长在 200 mm 以上的个体以鱼类为食。繁殖期在 4 ~ 6 月，产强黏性卵。

【成都市内主要分布区域】各区（市、县）皆有分布。

黄颡鱼 （*Pelteobagrus fulvidraco*）

 俗名 黄腊丁、黄骨头

【形态特征】体长，较粗壮，前部扁平，后部稍侧扁。须4对。体表光滑无鳞。背鳍前缘光滑，后缘具细锯齿。尾鳍深分叉，中央最短鳍条的长度为最长鳍条长度的1/2。

【体色特征】背部黑褐色，腹部黄色。

【生态习性】1冬龄或2龄达到性成熟，繁殖期在5~7月，怀卵量为2500~8000粒。雄鱼有筑巢和护幼的习性。

【成都市内主要分布区域】新津区、邛崃市、大邑县、都江堰市等。

瓦氏黄颡鱼 （*Pelteobagrus vachellii*）

俗名 黄腊丁

【形态特征】体长，前部稍侧扁，后部侧扁。体表光滑无鳞。须4对，上颌须末端超过胸鳍基部。

【体色特征】侧线以上灰黑色，侧线以下粉红色或白色。

【生态习性】肉食性鱼类，主要以摇蚊科、蜻蜓目、蜉蝣目、鞘翅目幼虫及小虾、软体动物等为食。繁殖期在4～6月，怀卵量为3000粒左右。亲鱼有筑巢的习性，常在流水浅滩或岸边草丛中产黏性卵。

【成都市内主要分布区域】新津区、双流区、彭州市等。

切尾拟鲿 （*Pseudobagrus truncatus*）

 **俗名** 黄腊丁

【形态特征】体长，头部略扁，头后渐侧扁。体表光滑无鳞。尾鳍呈截形或凹形。

【体色特征】背部和体侧黄褐色、金黄色或灰黑色，腹部颜色较浅。

【生态习性】底栖肉食性鱼类，食道壁的肌肉层发达，为横纹肌，有强大的收缩能力，能推动体积较大的食物进入胃中。其食性因季节而存在差异，春季以双翅目和寡毛类水生昆虫为主，夏秋季以鱼类和虾类为主，冬季以蜉蝣目和寡毛类水生昆虫为主。繁殖期在 4 ~ 6 月，产黏性卵。

【成都市内主要分布区域】蒲江县、大邑县、邛崃市等。

细体拟鲿（*Pseudobagrus pratti*）

 肉黄鳝、牛尾子

【形态特征】体细长，头部扁平，头后稍侧扁。吻扁圆。须较短，上颌须末端稍过眼后缘。

【体色特征】身体褐色，至腹部颜色渐浅，无斑。背鳍、尾鳍末端灰黑色。

【生态习性】小型湖泊定居性鱼类。生活在水体底层，喜在水草丛生的浅水区活动，白天多隐蔽在草丛中，夜间觅食。杂食性鱼类，主要以小鱼、小虾、昆虫、蠕虫及底栖甲壳类动物为食。繁殖期在 4～6 月，产黏性卵。

【成都市内主要分布区域】新津区、彭州市。

凹尾拟鲿 （*Pseudobagrus emarginatus*）

俗名 黄腊丁

【形态特征】体较短，头部扁平，头后渐侧扁。背鳍硬棘较细，后缘无锯齿。尾鳍内凹，中央最短鳍条的长度约为最长鳍条长度的 2/3。

【体色特征】侧线以上灰黑色，侧线以下颜色较浅，腹部粉红色。

【生态习性】生活在江河或溪流的底层。杂食性鱼类。性成熟较早，体长在 140 mm 左右即达到性成熟。繁殖期在 4 ~ 7 月，产黏性卵。

【成都市内主要分布区域】彭州市。

大鳍鳠（*Mystus macropterus*）

俗名　石扁头、挨打头、江鼠

【形态特征】体长，头扁平，背鳍后体渐侧扁。体表光滑无鳞，侧线平直。脂鳍甚长，约为臀鳍基长度的 3 倍。

【体色特征】体侧灰黑色，侧线以上颜色较深，腹部白色。

【生态习性】多生活在江河流水底质多砾石的环境中，也常出现在沟渠、溪流的上游。肉食性鱼类，主要以底栖无脊椎动物如水生昆虫的成虫及幼虫和螺、蚌、虾、蟹为食，也捕食小鱼。繁殖期在 6 ~ 7 月。常在流水滩上产黏性卵。偏爱洞穴，常表现出探索、巡查、捕食等日常行为，追逐、碰撞、撕咬等攻击行为，以及入侵、驱赶、守卫等领地行为，还能够根据攻击行为分出"优势群体"和"弱势群体"。

【成都市内主要分布区域】金堂县、简阳市等。

白缘䱀 (*Liobagrus marginatus*)

 俗名 水蜂子、鱼蜂子、土鲇鱼、米汤粉

【形态特征】体长，头宽，较扁平，背部两侧隆起较高。体表光滑无鳞。脂鳍基长，较高，有明显的缺刻与尾鳍分离。

【体色特征】头背部和背部灰黑色或带褐色，体侧下部浅灰黑色，腹部灰白色。

【生态习性】底栖性鱼类，喜流水，多生活在山溪河流中，白天潜入洞穴或石缝中，夜间成群在浅滩上觅食。主要以水生昆虫的成虫及幼虫、小型软体动物、寡毛类和小鱼、小虾为食。生长速度缓慢。繁殖期在 4 ~ 7 月，怀卵量很小，一般为 500 ~ 2000 粒。

【成都市内主要分布区域】双流区、都江堰市。

金氏鮲（*Liobagrus kingi*）

俗名 水蜂子

国家二级保护野生动物

【形态特征】体长，后部侧扁。头宽大扁平，腹面平坦。体表光滑无鳞，侧线不明显。外颏须短于头长，肛门离臀鳍起点较近。

【体色特征】背部和体侧褐色或黄褐色，腹部颜色略浅，背鳍、臀鳍、尾鳍有较宽的浅色边缘。

【生态习性】小型底栖肉食性鱼类，生活在底质多石的急流水环境中。

【成都市内主要分布区域】双流区、崇州市、温江区、彭州市、新都区等。

拟缘鮠 *（Liobagrus marginatoides）*

 俗名 水蜂子

【**形态特征**】体细长，较低，前段腹部较平。体表光滑无鳞，皮肤上有许多疣状小突起。须4对，均较长。

【**体色特征**】体侧和背部灰黑带棕色，腹部黄白色，臀鳍近基部灰黑色，边缘灰白色。

【**生态习性**】主要以水生昆虫的成虫及幼虫和底栖动物为食，也食用小虾，多在夜间觅食，白天隐藏在石缝中。繁殖期在5～6月，产黏性卵。

【**成都市内主要分布区域**】都江堰市。

CHENGDU SHI HELIU YULEI TUJIAN

中华纹胸鮡 （*Glyptothorax sinensis*）

俗名 刺格巴

【**形态特征**】胸部宽而平坦，有明显的纹状吸着器，能将身体吸附在树上，并使身体左右、上下移动。

【**体色特征**】背部和体侧灰黄色或灰褐色，腹部颜色较浅，胸部吸着器粉红色。

【**生态习性**】食性较杂，主要摄食水生昆虫的幼虫，以及岩石的固着藻类。产强黏性卵，亲鱼不护卵。

【**成都市内主要分布区域**】新津区、蒲江县、大邑县、双流区、新都区等。

青石爬鮡 （*Euchiloglanis davidi*）

 俗名 石爬子、青石爬子、唇鮡

国家二级保护野生动物

【形态特征】体长，背鳍前体扁平，背鳍后渐侧扁。体表光滑无鳞。上颌齿带较宽，两端向后延伸呈弧形。胸鳍末端接近或达到腹鳍起点。颌须短。

【体色特征】身体青灰色，背部颜色较深，腹部黄白色。

【生态习性】生活在我国西南部高山峡谷坡陡流急、枯洪流量悬殊环境中的稀有冷水性淡水鱼。底栖生活，食物以水生昆虫的成虫及幼虫为主。繁殖期在 6 ～ 7 月，怀卵量为 150 ～ 500 粒。常在急流多石的河滩上产黏性卵。

【成都市内主要分布区域】邛崃市、大邑县等。

黄石爬鮡（*Euchiloglanis kishinouyei*）

俗名 石爬子、石斑鮡、石爬鮡

四川省重点保护野生动物

【形态特征】体延长，头宽而扁平，尾柄侧扁。体表光滑无鳞，侧线完全。上颌齿带较宽，两端向后延伸呈弧形。胸鳍短，末端显著不达腹鳍起点。颌须长。

【体色特征】身体棕黄带浅绿色，腹部黄白色。

【生态习性】底栖性鱼类，常生活在河流的支流，河床多砾石、水流湍急段，多以腹部紧贴石壁或在石缝中活动。生命周期长，寿命 6 ~ 8 龄。性成熟时间较迟，为 3 ~ 5 龄 。主要以水生昆虫，如石蝇、石蚕、蜻蜓和蜉蝣等的成虫及幼虫为食，也食用有机碎屑以及水生植物的碎片。繁殖期在 9 ~ 10 月，怀卵量为 100 ~ 500 粒。常在急流乱石滩上产黏性卵。

【成都市内主要分布区域】曾在邛崃市、彭州市和都江堰市有记录。

黄鳝 （*Monopterus albus*）

俗名 鳝鱼、血鳝

【形态特征】体细长，呈圆筒形。尾部尖细，呈蛇形。无鳔。头短，呈锥形。

【体色特征】背部及侧线以上黄褐色或灰褐色，侧线以下黄色，全身布有不规则的黑色小斑点，腹部的斑点较少，颜色较浅。

【生态习性】底栖生活，适应能力极强，穴居，喜昼伏夜出。肉食性鱼类，主要食用水生昆虫的成虫及幼虫，如摇蚊幼虫、蜻蜓幼虫等，浮游动物如枝角类、桡足类和轮虫等，也捕食蝌蚪、幼蛙及小鱼、虾、螺、蚌、寡毛类，以及蚯蚓、金龟子、蚱蜢和飞蛾等，兼食有机碎屑、丝状藻和浮游藻类等。繁殖期在 4 ～ 8 月，分批产卵，怀卵量为 300 ～ 800 粒。亲鱼有护卵习性，生长过程中有性逆转现象。

【成都市内主要分布区域】都江堰市、邛崃市、温江区、蒲江县、新津区、双流区、彭州市、金堂县、简阳市等。

大眼鳜（*Siniperca kneri*）

俗名 母猪壳、鳜鱼、桂花鱼、刺薄鱼

【**形态特征**】体较长，侧扁，头背部隆起。口大，端位，略倾斜。

【**体色特征**】体侧棕黄色、灰黄色或灰白色，腹部灰白色。两侧各有一条贯穿眼部的褐色斜带，头背部至背鳍前有一条褐色带纹。

【**生态习性**】生活在江河水体的中下层，白天多在乱石堆、岩缝和水草丛生的环境中活动，夜晚常到浅滩猎食鱼、虾和水生昆虫。食性存在季节性特征：春季和冬季主要摄食鱼类、虾类、植物碎屑，以及鞘翅目幼虫和淡水壳菜，食物构成比较单一；夏季和秋季食物成分复杂、类型多样，除摄食鱼类、虾类、植物碎屑外，鞘翅目幼虫、石蝇、蜉蝣、蜻蜓幼虫、摇蚊幼虫以及昆虫卵、淡水壳菜等都是其重要的食物。产漂流性卵，产卵盛期在 5 ~ 6 月，怀卵量为 1 万 ~ 10 万粒。

【**成都市内主要分布区域**】双流区、金堂县、简阳市等。

斑鳜 （*Siniperca scherzeri*）

 俗名　母猪壳、鳜鱼、桂花鱼、刺薄鱼

【形态特征】体长而侧扁，背部、腹部隆起。口大，近端位，口裂稍倾斜。体被细鳞。

【体色特征】身体黄褐带灰黑色，腹部浅黄色或灰白色，体侧有大小不等的黑斑和环状斑纹。

【生态习性】生活在湾沱、浅滩、近岸等多种环境中，白天多在深水区的洞穴、砾石间活动，傍晚到浅水区近岸地带觅食。肉食性鱼类，相比其他鱼类较为凶猛，主要以鲫鱼、泥鳅、虾虎鱼及其他小鱼虾，石蝇、蜉蝣、襀翅目的幼虫等为食。繁殖期在 7 月至 8 月上旬。抗饥饿能力差，当食物不足时有相互残食的现象。

【成都市内主要分布区域】崇州市、邛崃市、蒲江县、新津区、双流区、彭州市。

子陵吻虾虎鱼 （*Rhinogobius giurinus*）

俗名 朝天眼、麻鲨鲨、吻虾虎鱼、夺夺鲨、老虎鲨

【形态特征】体延长，前部近圆筒形，后部稍侧扁。背鳍 2 个，分离。头部、颊部和胸部无鳞，背部和腹部被圆鳞，其余部位被栉鳞。

【体色特征】身体灰色或灰褐色，雄鱼背鳍上有一条橘黄色纵纹。

【生态习性】主要生活在江河、湖泊、水库及池塘的沿岸浅滩或沟渠的砾石间。性格极为凶猛，经常以袭击的方式吞食鱼卵、小虾、水生昆虫、底栖性小鱼等，或用胸鳍挖掘与翻搅水底砾石或泥沙，寻找底栖的水生环节动物、浮游动物和浮游植物等。成鱼适应能力强，繁殖行为复杂，能筑巢。

【成都市内主要分布区域】新都区、温江区、邛崃市、都江堰市、崇州市、彭州市、蒲江县、大邑县等。

波氏吻虾虎鱼（*Rhinogobius cliffordpopei*）

 俗名 朝天眼、麻鱼儿

【形态特征】体延长，前部圆筒形，后部略侧扁。头部扁平。口端位，口裂大，向上倾斜，口角伸达眼前缘的垂直下方。

【体色特征】体侧有 7 ~ 8 个垂直斑纹，各鳍条多呈灰褐色或灰白色，雄鱼第一背鳍前部有一碧蓝色斑点。

【生态习性】主要生活在溪流、江河底层的沙滩、砾石滩、水底建筑物等多种流水环境中，附着在沙窝或石头上，伺机猎食。食性杂，摄食摇蚊幼虫、白虾、丝状藻、桡足类、枝角类、鱼卵等。雄鱼是"超级奶爸"，雌鱼在产卵之后便离开巢穴，守护卵粒的任务都交给了雄鱼。为了让卵粒接触到更多的新鲜水流，雄鱼会竭尽所能地晃动自己的身体，直到幼鱼孵出才离开。

【成都市内主要分布区域】大邑县、崇州市、金堂县、彭州市、新都区。

四川吻虾虎鱼（*Rhinogobius szechuanensis*）

俗名 麻鱼子

【形态特征】体延长，前部近圆筒形，后部侧扁。头部略扁，宽度大于高度。口端位，口裂大，稍倾斜，口角伸达眼前缘的垂直下方。

【体色特征】身体浅褐色，腹部灰白色，体侧有 8 个显著或不显著的黑褐色斑块。

【生态习性】生活在清澈的小溪中，以底质为沙滩、砾石，溶氧量高的浅水地带为多。成鱼以水生昆虫为食，也捕食底栖性小鱼，多散居于石隙或沙穴中伺机觅食。1 冬龄即达到性成熟，繁殖期在 4 ~ 5 月。产卵前雌鱼用鳍翻动细沙，将卵产于细沙中。体长为 10 ~ 20 mm 的幼鱼常有溯水习性，每当春雨致溪流涨水之际，成群逆水而上，形成鱼汛。体长在 40 mm 以上个体少有成群溯水现象。

【成都市内主要分布区域】邛崃市、双流区。

乌鳢（*Channa argus*）

 俗名 乌棒、乌鱼

【形态特征】体延长，呈圆筒形，尾部侧扁。头较长，吻短钝，吻端稍侧扁。口大，端位，口裂倾斜，口角伸达眼后缘的垂直下方。

【体色特征】身体灰黑色，背部和头背部焦黑色，腹部颜色较浅，体侧有两行不规则的黑褐色斑块。

【生态习性】幼鱼主要以桡足类为食，稍大即以水生昆虫、虾和小鱼为食；成鱼主要以虾类和鱼类为食。春秋季为摄食旺季，冬季停止摄食，在深水区域的淤泥中过冬。繁殖期在 4～7 月，在水草丛生的岸边产卵，怀卵量为 1 万～3 万粒。亲鱼有筑巢、护卵、护幼的行为。

【成都市内主要分布区域】都江堰市、邛崃市、温江区、蒲江县、新津区、双流区、彭州市、金堂县、简阳市。

在生物学上，外来物种是指出现在其自然分布范围和分布位置以外的一些物种、亚种或低级分类群，包括这些物种能生存和繁殖的任何部分、配子或繁殖体。一些外来物种作为原产于国外的淡水鱼类，因其产量高、抗逆性强等特点，被引入中国养殖。然而，随着人为放养和非法转运，这些鱼类逐渐逃逸，入侵本地水域，以其极强的繁殖能力和适应性在各地区的水域中迅速扩散，严重威胁当地水生态系统的稳定和健康。2020 年颁布的《中华人民共和国长江保护法》规定：禁止在长江流域开放水域养殖、投放外来物种或者其他非本地物种种质资源。

成都市河流的外来物种主要有食蚊鱼、云斑鮰、大口黑鲈、德国镜鲤、革胡子鲶和丁鱥等。其中，有较大潜在危害的为革胡子鲶、云斑鮰和大口黑鲈。这些外来物种往往在其进入的水域广泛入侵，以其繁殖力、适应性强及掠食行为等特点，导致水生态环境的破坏。由于其繁殖速度快、竞争力强，占据水域的生态位，导致本地鱼类数量锐减或濒临灭绝，这使得原本平衡稳定的水生态系统被破坏，对当地生态环境带来了严重影响。例如，革胡子鲶 500 g 重的雌性个体一次可以产卵 1 万粒，成年后一年可繁育 4 ~ 5 次，产卵 20 万~ 25 万粒。成长速度更是惊人，成年个体最大体重可超过 100 kg，不仅水中的鱼类会成为它们的食物，岸边栖息的水鸟也是它们攻击的对象。对此，在外来物种的管理中，管理部门应做到以下几点：（1）加强养殖环节监督。制定重要外来水生生物物种养殖隔离、缓冲及防逃逸等技术标准或规范并指导实施，制订高风险等级外来水生生物物种经营利用许可方案，并建立监测档案。（2）开展外来水生生物物种监测。开展外来水生生物物种摸底调查，掌握外来水生生物物种组成、数量、分布及入侵情况。（3）向民众普及水域生态保护知识，规范水生生物放生行为。（4）强化对自然水域已有外来水生生物的防治管理措施。同时，增进公众对外来物种的认识，从而有效地保护水生态环境。

大口黑鲈（*Micropterus salmoides*）

 俗名 加州鲈鱼、黑鲈

【形态特征】体侧扁，呈纺锤形，背稍厚。口裂大、斜且超过眼后缘，上颌骨向后延伸至眼后。

【体色特征】背部青绿橄榄色，腹部黄白色。

【生态习性】生活在湖泊、水库及水流较缓的河流和溪流中。杂食性鱼类，摄食量非常大，喜欢捕食小鱼和昆虫等，主要以幼鱼和桡足类底栖动物为食。鲫、鳖、罗非鱼和翘嘴鲌都是其主要食物。1 龄即达到性成熟，繁殖期在 3 ~ 6 月，有筑巢的习性，分批产黏性卵。

【引种来源】原产于北美洲，1983 年作为养殖品种引入广东省。

【成都市内主要分布区域】崇州市、双流区等。

按：作为外来物种，其泛滥会对其他鱼类的生存造成较大的影响，对生态环境有潜在的危害。但同时，其抗病力强，病害少，能有效地控制鱼塘中罗非鱼和野杂鱼虾的过度繁殖。

云斑尖塘鳢（*Oxyeleotris marmorata*）

俗名 笋壳鱼

【形态特征】体延长，粗壮，前部近圆筒形，后部侧扁，整体类似笋壳状。

【体色特征】身体以黄褐色或棕褐色为主，背侧颜色较深，腹部颜色较浅。体侧有云纹状斑块和不规则的黑色横带。

【生态习性】底栖性鱼类，喜静水或微流水环境，常潜伏在水底沙泥、石块或水草丛中。耐低氧。幼鱼以轮虫、枝角类浮游生物为食，成鱼捕食小鱼、虾、甲壳类及软体动物。分批产卵，单次产卵1万~2万粒。

【引种来源】原产于泰国、马来西亚等东南亚国家，1988年由广东省从泰国引进。

【成都市内主要分布区域】新津区、邛崃市。

德国镜鲤 （*Cyprinus carpio* L. *mirror*）

 俗名 框鲤、镜鲤

【**形态特征**】体较粗壮，侧扁。头较小，眼较大，背部隆起，背鳍两侧各有一行对称的连续完整鳞片。

【**体色特征**】身体青褐色，背部棕褐色。

【**生态习性**】杂食性鱼类，主要以浮游植物为食，如绿藻、硅藻，也捕食浮游动物，如晶囊轮虫、臂尾轮虫、剑水蚤、秀体溞等。

【**引种来源**】1984 年从联邦德国引进，由黑龙江省水产研究所选育。

【**成都市内主要分布区域**】新津区、双流区、成华区、简阳市等。

按：具有生长速度快和含肉量高的特点，是池塘养殖和稻田养殖的优良品种。

革胡子鲇（*Clarias gariepinus*）

俗名 埃及胡子鲇、埃及塘鲺、八须鲇

【形态特征】体延长，头扁平，后部侧扁。头背部有许多骨质微粒突起，呈放射状排列。体表光滑无鳞。
触须 4 对。

【体色特征】体色较浅，灰青色或灰黑色。

【生态习性】食性杂，适应能力强。底栖性鱼类，厌强光，生活在水底有溶洞、石缝、乱石堆或枯死在水体中
的灌木周围。由于长期穴居，视觉退化，依靠发达的口须、侧线和嗅囊趋避外界刺激和敌害。
温度越高，生长速度越快。有一定的钻泥能力，耐低氧，在岸上缺氧环境也能存活较长时间。
有相互残杀的习性。在天然水域主要以虾、水蚯蚓和水生昆虫等底栖动物以及鱼类为食。

【引种来源】原产于非洲尼罗河，1981 年从埃及引进。

【成都市内主要分布区域】双流区等。

按：捕食能力强，对本地鱼类威胁较大，也能通过竞争关系影响本地鱼类的生存，在入侵地是高危的外来水生生物。

丁鱥 （*Tinca tinca*）

 俗名 金鲑鱼、丁鲑鱼、须鱥、丁穗鱼

新疆维吾尔自治区二级保护野生动物

【形态特征】体高而稍侧扁，腹部圆。

【体色特征】在水中大多呈麦黄色。

【生态习性】底栖性鱼类，多生活在水草丰茂的静水或泥底的缓流水体中，冬季生活在江河、湖泊的深水中，将身体埋于泥中。幼鱼主要以浮游动物为食，如轮虫、枝角类等；成鱼主要以底栖动物为食，如摇蚊和其他昆虫的幼虫、软体动物、甲壳类，也食用水底腐败的有机物质。繁殖期在 5 ~ 7 月，怀卵量为 36 万 ~ 40 万粒，分批产黏性卵。

【引种来源】原产于欧洲的捷克、匈牙利、西班牙等，后逐渐扩展到中亚。

【成都市内主要分布区域】成华区等。

按：生长速度快，适应范围广，抗病力强，养殖技术简单，是一种具有经济价值的淡水养殖品种。

云斑鮰 （*Ameiurus nebulosus*）

俗名 褐首鮠、美国鮰

【形态特征】体短而粗，头稍大，腹部平直。体表光滑无鳞。须4对。

【体色特征】背部黄褐色，腹部灰白色。

【生态习性】淡水广温性鱼类，生活在水体底层，尤其喜欢富含有机物、水生植物丛生、底部为泥沙的池塘、湖泊和溪流。杂食性鱼类，性贪食，喜集群摄食。成鱼以底栖生物、水生昆虫、有机碎屑及藻类等为食。成熟期为2龄，少部分1龄即达到性成熟。繁殖期在4～6月，怀卵量为2000～4000粒，产黏沉性卵。

【引种来源】1984年从美国和加拿大引进，1987年在我国南方推广养殖。

【成都市内主要分布区域】简阳市、锦江区等。

食蚊鱼（*Gambusia affinis*）

 柳条鱼、大肚鱼、山坑鱼

【形态特征】体长而稍侧扁，尾柄宽长、侧扁，尾鳍呈圆形。

【体色特征】背部和体侧灰绿色，腹部白色。体侧有黑色小斑点，腹鳍起点上方有一蓝黑色斑块。

【生态习性】小型鱼类。幼鱼主要以水生无脊椎动物为食，如轮虫、纤毛虫等；成鱼摄食昆虫、枝角类、桡足类、小球藻，特别喜食孑孓。集群游于水面，行动敏捷。捕食时极为贪婪。雌鱼在交配 20 多天后产出幼鱼，产仔量为 20～100 尾。雌鱼在没有食物的情况下会吞食自己的仔鱼，数小时没有饵料，大半以上仔鱼会被雌鱼吃掉。仔鱼在正常饲养下，一个月内即可达到性成熟，水温下降时停止繁殖。

【引种来源】原产于中美洲、北美洲，用于控制疟疾传播，后被全世界广泛引种。

【成都市内主要分布区域】邛崃市、崇州市、双流区、温江区、龙泉驿区等。

图书在版编目（CIP）数据

成都市河流鱼类图鉴 / 成都市环境保护科学研究院

编著 . -- 成都 : 四川大学出版社，2025. 5. -- ISBN

978-7-5690-7799-5

Ⅰ . Q959.408-64

中国国家版本馆 CIP 数据核字第 2025LH8894 号

书　　名：成都市河流鱼类图鉴

　　　　　Chengdu Shi Heliu Yulei Tujian

编　　著：成都市环境保护科学研究院

选题策划：李思莹　　　　装帧设计：墨创文化

责任编辑：李思莹　　　　责任印制：李金兰

责任校对：蒋　玙

成品尺寸：240mm×195mm

印　　张：6.5

字　　数：105 千字

版　　次：2025 年 6 月　第 1 版

印　　次：2025 年 6 月　第 1 次印刷

定　　价：58.00 元

扫码获取数字资源

四川大学出版社
微信公众号

出版发行：四川大学出版社有限责任公司

　　　　　地址：成都市一环路南一段 24 号（610065）

　　　　　电话:(028)85408311(发行部)、85400276(总编室)

　　　　　电子邮箱：scupress@vip.163.com

　　　　　网址：https://press.scu.edu.cn

印前制作：成都墨之创文化传播有限公司

印刷装订：成都金阳印务有限责任公司